AF346693

DANS LA FORÊT

Coulommiers. — Imp. P. BRODARD et GALLOIS.

DANS LA FORÊT

PAR

ADRIEN LINDEN

DEUXIÈME ÉDITION

PARIS

LIBRAIRIE CH. DELAGRAVE

15, RUE SOUFFLOT, 15

1886

DANS LA FORÊT

Après avoir parcouru les prairies, chassant des papillons et cueillant des fleurs, Henri, Frédéric et Mathilde, en compagnie de leur cousin Pierre, ancien marin, quittèrent la plaine et vinrent se reposer dans la maison du garde forestier.

Cette habitation, située à mi-côte, non loin d'une claire fontaine, était entourée de grands arbres qui la protégeaient contre les rayons du soleil.

Les enfants, fatigués de leur promenade, s'étendirent sur l'herbe et acceptèrent avec un vif plaisir les fruits et le laitage que le garde forestier s'empressa de leur offrir

— Jolie cabine, et amarrée dans un bon port , dit l'ancien marin en s'adressant au garde et en montrant le chalet.

— Oui, répondit le forestier; j'ai choisi cet emplacement à cause de ces arbres énormes que vous voyez.

— Énormes! répéta le marin en examinant les arbres d'un air assez railleur, énormes à vos yeux. On voit, camarade, que vous n'avez pas visité les forêts du Brésil et que vous ne connaissez ni les baobabs d'Afrique ni les cyprès de la Californie.

— Ils sont donc bien hauts les arbres, dans ces pays-là? demanda Frédéric.

— A ce point que le plus grand de ceux que tu vois ici me fait l'effet d'une canne comparée au grand mât d'un navire. L'un

ARBRE GÉANT DE LA ALIFORNIE.

des cyprès de la Californie est presque aussi élevé que la plus haute pyramide d'Égypte : il mesure 138 mètres de hauteur sur 35 mètres de circonférence.

Quant aux *baobabs*, qui abondent au Congo et dans les îles de l'Océanie, ils ne dépassent guère 5 mètres d'élévation ; mais quelques-uns sont tellement gros que vingt nègres se tenant par la main ne peuvent les enserrer. Ces arbres, presque toujours creux, contiennent assez d'eau pour étancher la soif de plusieurs milliers d'hommes durant un jour.

— Que dites-vous là, cousin ?

— Je dis la vérité. Le baobab, qui n'a pas plus de 4 à 5 mètres de tronc, n'élève pas moins ses branches à 30 mètres de hauteur. Les branches basses sont excessivement volumineuses et si pesantes que leur poids fait courber l'extrémité jusqu'à terre ; de sorte que l'arbre prend une forme demi-sphérique fort originale.

Le fruit est une capsule ovale, renfermant 50 à 60 graines noirâtres, brillantes et dures comme de l'os. Ces graines sont entourées d'une chair de consistance spongieuse qui tourne en farine un peu aigre et dont les singes font leur régal : c'est pourquoi on donne à ce fruit le nom de *pain de singe*.

Les feuilles sèches et pulvérisées du baobab forment la substance médicinale appelée *lalo* par les nègres. Ils mêlent cette poudre à leurs aliments pour arrêter l'excès de la transpiration. La tisane faite avec les feuilles est calmante ; elle guérit des fièvres brûlantes, si fréquentes au Sénégal. L'écorce du fruit est employée pour faire du savon.

Cet arbre appartient à la famille des Malvacées.

Les nègres font un singulier usage de l'intérieur de cet arbre, qui devient creux en vieillissant. Ils pendent dans ces cavernes végétales les cadavres des criminels qu'ils jugent indignes de sépulture.

Le baobab vit dans les terres sablonneuses de l'Afrique occidentale et principalement au Sénégal. Il a été transporté en Amérique, où il se développe bien. Il y en a de très gros à Saint-Domingue et à la Martinique.

Cet arbre s'accroît rapidement pendant sa jeunesse ; à l'âge adulte, son accroissement devient très lent : à trente ans, il mesure 0 m. 60 de diamètre ; à cent ans, 1 m. 30 ; à mille ans, 5 mètres ; à deux mille quatre cents ans, 6 à 7 mètres ; enfin, à cinq mille cent cinquante ans, 10 mètres.

Les enfants se regardèrent avec surprise.

— Que nous racontez-vous, Pierre? s'écria

Frédéric. Est-ce qu'il y a des arbres de cinq mille ans?

— A beau mentir qui vient de loin, ajouta son frère en riant. Il paraît que ces arbres ont communiqué leur extrait de naissance à notre cousin.

— Mes chers amis, répliqua le marin, en ma qualité de marin et de Provençal, je raconte quelquefois à vos parents des historiettes amusantes dont l'authenticité peut être contestable; mais, quand je m'adresse à vous et que je vous parle d'histoire naturelle, je ne plaisante jamais.

— Les arbres révèlent leur âge, dit le garde forestier en interrompant le discours et en s'adressant aux jeunes gens. N'avez-vous jamais remarqué sur des troncs d'arbres sciés des cercles concentriques? Eh bien, ces espèces de zones indiquent la croissance annuelle de l'arbre ; chaque cercle correspond à une année. Il suffit de compter le nombre de cercles pour connaître le nombre d'années du sujet.

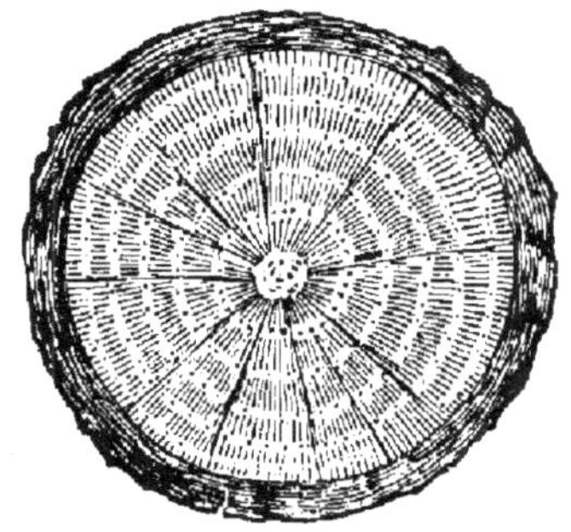

AGE DU BOIS.

— Comment cela se peut-il ? demanda Henri. Le cœur de l'arbre, en grossissant, fait donc une marque ou un mouvement à un certain moment de l'année?

— Votre observation me prouve que vous ignorez de quelle façon s'accroissent les arbres. Ils ne se développent pas du centre à la circonférence, comme vous le supposez : ils grossissent au contraire de la circonférence au centre. C'est l'*aubier*, c'est-à-dire la partie tendre qui se trouve sous l'écorce, qui est la partie active de l'arbre et qui, des racines à l'extrémité des branches, porte la sève. En vieillissant, le cœur du bois devient insensible ou à peu près : il ne sert plus que de support à la plante. Chaque année, il se voit recouvert par une couche nouvelle qui s'applique sur la couche de l'année précédente. C'est ainsi que chaque année l'arbre s'accroît en grosseur, et ce sont ces couches successives qui forment les cercles concentriques dont je viens de vous parler.

— Maintenant, je m'explique pourquoi les arbres creux peuvent vivre malgré l'absence de cœur. C'était un fait dont je ne me rendais pas compte et que je vous remercie de nous avoir expliqué, dit Frédéric.

— Et moi, je comprends à cette heure

Chêne abattu.

comment on peut connaître l'âge des arbres, ajouta son frère.

— En ce qui touche l'âge des baobabs, reprit le marin, je m'appuie sur l'autorité du savant Adanson, naturaliste, mort en 1806. Il habita le Sénégal pendant cinq années (1749-1753) et en rapporta des richesses scientifiques immenses. C'est lui qui compta l'âge des baobabs dont j'ai fait mention. Il dit, dans le Mémoire qu'il présenta à l'Académie des sciences en 1761, que « l'accroissement du baobab, qui est très lent relativement à sa monstrueuse grosseur, doit durer plusieurs milliers d'années et peut-être remonter jusqu'au déluge, fait assez singulier pour faire croire que le baobab serait le plus ancien des monuments vivants que puisse fournir l'histoire du globe terrestre ».

Maintenant, je vais vous parler du fameux

dragonnier d'Orotava, autre géant végétal, qui se trouve dans l'île de Ténériffe, une des Canaries.

D'après le naturaliste Humboldt, qui le mesura en 1799, le tronc de cet arbre aurait 25 mètres de hauteur sur 15 mètres de diamètre. En 1402, époque de la première expédition des Espagnols, cet arbre était aussi gros et aussi creux qu'il l'est aujourd'hui.

M. de Humboldt fait observer que le dragonnier a partout une croissance très lente et que celui d'Orotava est extrêmement âgé. C'est sans contredit, avec le baobab, un des plus anciens habitants de notre planète, dit-il.

Ce monstrueux végétal a été à moitié abattu par un coup de vent en 1819, à ce que rapporte l'amiral Dumont d'Urville dans ses Relations de voyage autour du monde.

L'opinion du naturaliste Humboldt confirme donc celle d'Adanson sur l'antiquité de certains arbres. On a constaté d'ailleurs sur le tronc d'un cyprès de la Caroline des cercles concentriques qui semblent attester une ancienneté d'au moins six mille ans.

— En Europe, dit le garde forestier, nous possédons aussi des arbres qui peuvent rivaliser avec ces énormes enfants de l'Afrique et du nouveau monde.

Le châtaignier qui se trouve dans le département du Cher, près de Sancerre, mesure 9 mètres de circonférence à 1 mètre au-dessus du sol. On le croit âgé de plus de mille années. Dans la commune d'Allouville, près d'Yvetot, nous avons un chêne qui mesure 13 mètres de circonférence à sa base et 9 mètres à hauteur d'homme. L'intérieur est creux. On a construit dans ce vide une chapelle d'environ 2 mètres de diamètre. Le sommet de l'arbre est couvert d'un toit pointu surmonté d'une croix qui s'élève au-dessus du feuillage. La chapelle a été construite en 1696.

Ce chêne magnifique n'a pas moins de neuf cents ans.

Les châtaigniers qui croissent sur le mont Etna sont gigantesques. L'un deux a 15 mètres de circonférence, un autre 17 mètres, un troisième 21 mètres. Celui qu'on appelle l'*arbre aux cent cavaliers* n'a pas moins de 53 mètres de tour. On dit que son ombrage couvre une surface de 330 mètres, et on raconte à ce sujet que la reine Jeanne d'Aragon, surprise par l'orage, put s'abriter avec tous ses cavaliers sous ce colosse végétal, dont l'âge est évalué à quatre mille ans.

Malheureusement, il a été à moitié détruit par la foudre.

— Que de brouettes, que de voitures on doit faire avec de pareils géants!. fit observer Henri.

— Le bois de châtaignier, lui répondit le garde, n'est guère employé qu'à la charpente, excepté les jeunes branches, avec lesquelles on façonne des cercles de tonneaux, des échalas et des treillages.

Les bois qui conviennent le mieux au charronnage sont le charme, le frêne et l'acacia.

A ce propos, je dois vous dire qu'on divise les bois en quatre catégories; savoir : les *bois blancs*, les *bois durs*, les *bois de travail* et les *bois résineux*.

Le frêne, le charme et l'acacia sont des bois de travail.

Le *frêne* appartient à la famille des Oléinées. Il est répandu dans toutes les contrées tempérées de l'Europe. Cet arbre, dont la tige s'élève droite et cylindrique, est d'un bel aspect. Ses feuilles servent de nourriture aux cantharides, insectes vénéneux dont le voisinage est fort incommode et même dangereux. Le bois de frêne est blanc, souple et onctueux au toucher. Lorsqu'il est travaillé, il est d'une ténacité et d'une élasticité remarquables, ce qui le fait rechercher pour les pièces de charronnage qui ont besoin d'avoir de la courbure et du ressort. Les tourneurs en font des chaises, des manches d'outils, des queues de billard, etc. Les bateliers le choisissent pour faire des rames et des avirons.

Les *broussins* du frêne sont estimés des tabletiers et des ébénistes, à cause de leurs nuances variées et de leurs veines. Ils en fabriquent des meubles, des boîtes, des coffrets qui rivalisent avec les objets faits des plus beaux bois exotiques.

Les broussins de buis sont employés à la fabrication des tabatières.

— Qu'est-ce que c'est que les broussins? demanda Henri.

On donne le nom de *broussin* à une espèce de tumeur inégale qui se développe sur la tige et sur les branches de certains arbres, particulièrement sur le frêne, le buis, l'orme et l'érable. Ces loupes, qui sont déterminées par un accident ou par une maladie, sont quelquefois veinées et colorées d'une manière très agréable.

Le *charme* est un arbre de la famille des Quercinées, qui peut atteindre 12 mètres de hauteur. Il croît dans les pays tempérés et dans les endroits un peu humides. Cet arbre se ramifie beaucoup et peut se plier de toute manière. On le recherche comme plante d'agrément, et l'on en forme des clôtures, de palissades, des berceaux connus sous le nom de *charmilles*. Son bois est dur, pesant et d'un grain très serré. Il s'emploie utilement dans le charronnage. On en fait aussi des roues de moulin, des vis de pressoir, etc. Il est surtout recherché comme bois de chauffage, parce qu'il donne une belle flamme, dégage beaucoup de chaleur et tient longtemps dans la cheminée.

L'acacia...

— Il n'y a que de faux acacias dans nos régions, interrompit le marin. Le véritable acacia appartient à la famille des Mimosées. Sa tige est élancée, son port élégant et son feuillage très délicat. Ce genre renferme environ 300 espèces, répandues dans les contrées équatoriales du globe. Aucune ne croît en Europe ailleurs qu'en serre chaude.

On tire d'acacias communs au Bengale

une matière colorante de nuance brune, appelée *cachou*, qui est employée par les teinturiers. Le cachou sert aussi en médecine : c'est un astringent.

Le principal produit de certaine espèce d'acacia est la gomme arabique. Cette substance découle naturellement des troncs et des branches, comme la gomme que l'on voit suinter de nos abricotiers.

— Les arbres que nous appelons acacias dans notre pays, reprit le garde forestier, sont originaires de la Virginie ; ils ont été naturalisés en France en 1600 par Jean Robin, jardinier de Henri IV. C'est de là que leur vient le nom de *robiniers*, qui leur convient mieux que celui d'acacias : car, si ces deux arbres appartiennent à la grande classe des Légumineuses, ils sont de familles différentes. Le robinier fait partie de la famille des Papilionacées.

Le *robinier* ou *faux acacia* s est admirablement acclimaté dans nos pays. Il est remarquable par la rapidité de sa croissance, par la dureté et la compacité de son bois. On l'emploie beaucoup en charronnage et chaque fois qu'on veut obtenir une grande résistance. Son feuillage est élégant, et on le recherche comme arbre d'agrément.

— Est-il vrai que certains arbres donnent la mort à ceux qui se reposent sous leur ombrage? demanda Mathilde.

— Ce n'est que trop vrai, répondit le marin. Vous avez sans doute entendu parler du fameux *mancenillier*, qui croît dans les Antilles et en Amérique? Lorsqu'on s'endort sous son feuillage, on risque fort de ne plus se réveiller. Cet arbre distille un suc des plus vénéneux, dont les Indiens font usage pour empoisonner leurs flèches.

MANCENILLIER.

Le *bohon-upas*, des îles Célèbes, est plus terrible encore. Cet arbre, si l'on en croit le docteur Darwin, met en fuite les serpents boas eux-mêmes. Les criminels malais condamnés à la peine capitale obtiennent leur grâce s'ils parviennent à recueillir de la gomme de cet arbre. On assure que, sur 700 criminels qui ont tenté l'aventure, il n'en est revenu que 22 dans l'espace de sept ans.

— Les funestes propriétés qu'on attribue à ces arbres sont fort exagérées. Plusieurs savants sont restés des heures entières sous des mancenilliers sans en ressentir aucun effet, dit le garde forestier.

— Je sais, camarade, que le populaire a l'imagination vive et portée à l'exagération ; mais ne pourrait-on pas reprocher aux savants d'exagérer en sens contraire ? Je n'engage pas les voyageurs à s'endormir pendant une nuit entière sous le mancenillier au moment de la floraison. Ce qu'il y a de positif, c'est que le suc laiteux et abondant de cet arbre est très vénéneux ; que son contact détermine sur la peau une brûlure suivie d'une ampoule qui peut dégénérer en ulcère ; que son fruit, assez semblable à la pomme, donnerait promptement la mort s'il était ingéré dans l'estomac.

— A quelle famille appartient cet arbre ? demanda Henri.

— A la famille des Euphorbiacées, répondit le marin. Puis, s'adressant au garde forestier, il poursuivit :

— En ce qui touche le bohon-upas des Javanais, personne, je crois, ne conteste la violence de son poison ; beaucoup de savants en ont fait l'analyse, et tous sont d'accord sur ce point. Ils ont donné le nom d'*antiaris* à ces arbres dangereux et les ont placés dans la famille des Urticées. Ils disent que ces arbres sont en petit nombre et que l'histoire des condamnés qu'on envoie recueillir le suc de ces plantes est une fable qui a été popularisée par un médecin hollandais; mais ils reconnaissent que les naturels de Java se servent de l'*upas antiar* ou bohon-upas pour empoisonner leurs flèches, ce qui tendrait à prouver que le mancenillier est vénéneux, tandis que l'upas serait venimeux.

— Est-ce que ces deux mots n'ont pas la même signification? demanda Frédéric.

— Non, mon cousin, *vénéneux* se dit des substances toxiques qui agissent sur le système digestif; *venimeux* se dit des poisons qui agissent sur le sang. Ainsi l'on peut avaler impunément du venin de serpent (pourvu qu'on n'ait aucune écorchure à la bouche,

bien entendu); de même pourrait-on appli-
quer sans danger sur une blessure un poison
vénéneux.

En général, ce sont les plantes et certains
minéraux qui sont vénéneux et les animaux
qui sont venimeux; mais il y a des exceptions.
Certaines plantes sont venimeuses, l'ortie par
exemple. Nous venons de voir que le suc de
l'upas est venimeux aussi, puisqu'il n'agit
qu'autant qu'il est mêlé avec le sang. Quelques animaux sont vénéneux : tels sont les
cantharides, insectes coléoptères, et les petits
poissons de mer appelés mélettes ; mais, il
faut le dire, les animaux vénéneux et les
plantes venimeuses sont en petit nombre,
tandis que les animaux venimeux et les
plantes vénéneuses sont fort répandues.

D'après les propriétés de l'upas et des
strychnos, plantes de la famille des Apocy-

nées qu'on trouve dans l'Inde et dans l'Amérique du Sud, on peut croire que certaines plantes sont à la fois venimeuses et vénéneuses.

— Le terrible poison appelé *strychnine* n'est-il pas tiré de l'une de ces plantes? demanda Frédéric.

— Oui, la strychnine est tirée de la *noix vomique*, fruit d'un arbre de l'Inde, de Ceylan, du Malabar, etc. L'effet de ce poison est presque aussi violent que celui de l'*acide prussique*.

— D'où vient l'acide prussique? demanda Henri.

— On le trouve tout formé dans certaines plantes. L'eau distillée de laurier-cerise, l'huile essentielle d'amandes amères, tous les fruits à noyau, contiennent une quantité plus ou moins sensible d'acide prussique. Aussi les amandes amères sont-elles un poison pour les oiseaux.

Pour obtenir ce poison à l'état de pureté et de concentration complètes, il faut lui faire

LAURIER-CERISE.

subir une distillation particulière, qui est, paraît-il, assez simple, mais fort dangereuse. On prétend que le chimiste suédois Scheele, qui a découvert ce poison en 1780, en a été la première victime. Il est mort tout à coup, dans le cours de ses opérations.

L'acide prussique est appelé *acide cyanhydrique* par les savants. C'est, de tous les poisons connus, le plus redoutable, parce qu'il est le plus énergique : il agit comme la foudre. Une seule goutte appliquée sur la gueule ou dans l'œil d'un chien suffit pour le tuer instantanément. Le même effet se produirait sur l'homme. Quelques gouttes suffiraient pour foudroyer le plus gros animal. Heureusement que cet acide ne peut se conserver : il s'altère promptement, même quand il est renfermé dans des tubes de verre bien clos.

Comme vous le voyez, mes amis, les plantes nous offrent de quoi nous faire vivre et de quoi nous faire mourir. L'étude de la botanique est donc très importante, puisque c'est elle qui nous apprend à connaître les bonnes plantes et les mauvaises. Cette étude d'ailleurs n'a rien que d'aimable. Elle se fait en se promenant dans la campagne et en ceuillant des fleurs.

— Il est certain que beaucoup d'enfants sont victimes de leur ignorance. J'en ai connu plusieurs qui sont morts après avoir mangé des fruits empoisonnés. Chaque année, les champignons vénéneux font périr quantité de personnes, dit le garde forestier.

— L'étude de la botanique n'est pas aussi facile que vous semblez le croire, mon cousin, fit observer Henri. J'ai déjà consulté plusieurs ouvrages traitant de cette matière, et j'ai été arrêté par la quantité et l'étrangeté des noms employés pour décrire les plantes. Il faut être déjà savant pour comprendre la signification de ces mots.

— C'est vrai, répondit le marin en souriant, le célèbre Buffon a fait cette remarque avant toi : « La botanique, a-t-il dit, est plus aisée à apprendre que la nomenclature qui n'en est que le langage. » Et cependant depuis Buffon combien de termes nouveaux sont venus s'ajouter au catalogue! Je reconnais que la botanique, à ne la considérer qu'au point de vue de la classification, est très aride pour tout le monde et rebutante pour les jeunes gens. Ce qui la rend surtout obscure, c'est que cette classification a été modifiée et remaniée et que chaque fois des termes nouveaux sont venus s'ajouter aux anciens ou les remplacer. Le Français Tournefort (1656-1708) a d'abord établi un système de classification du règne végétal basé sur l'étude des corolles. Plusieurs de ses classes sont demeurées acquises à la science, et certain nombre d'entre elles ont même conservé leur nom. Ensuite Linné (1707-1778), botaniste suédois, a fait paraître son système d'après les organes

des plantes. Enfin est venu le système du
Français Antoine-Laurent de Jussieu (1748-
1836).

Ce savant botaniste publia sa méthode
de classification, basée sur les familles natu-
relles des plantes, en 1789. Il groupa les végétaux en 3 embranchements, 100 familles et
14 classes. Depuis cette époque, Richard, Can-
dolle, Brongniart, Adrien de Jussieu et sept
ou huit autres botanistes ont successivement
adopté, modifié, perfectionné la méthode du
célèbre A.-L. de Jussieu. C'est, je crois, la
méthode de Brongniart qui est enseignée dans
les écoles. Elle est appliquée à la plantation
de l'école botanique du Muséum d'histoire
naturelle.

D'après cet auteur, il y aurait parmi
les végétaux 68 classes, 296 familles et
3154 espèces. D'autres botanistes portent à

14000 espèces le nombre des végétaux connus et les groupent en 300 familles.

En vous invitant à étudier la botanique, je ne songeais guère à la classification des plantes. Vous aurez le temps de vous occuper de cela quand vous serez à l'école. Je vous engageais à l'étudier au point de vue pratique, en amateur ou plutôt en ouvrier, comme le forestier et moi. En attendant que vous sachiez quels sont les végétaux *acotylédones, monocotylédones, dicotylédones,* vous pouvez toujours apprendre à connaître. ceux qui peuvent vous être utiles et ceux dont vous devez vous méfier. Toutefois, si, en vous parlant de certains arbres, je me souviens de leur famille, je ne manquerai pas de vous l'indiquer, sans ordre ni méthode, bien entendu.

Ceci posé, revenons à nos arbres, et occupons-nous des plantes bienfaisantes ; elles abondent dans la nature.

En première ligne, je vous citerai le *ja-*

L'ARBRE A PAIN.

quier ou *arbre à pain*, que les botanistes désignent sous le nom d'*artocarpe* et dont ils ont fait le type de la famille des Artocarpées. C'est le végétal sinon le plus précieux, du moins l'un des plus utiles aux habitants du pays.

Cet arbre mesure environ 15 mètres ; il a de grandes feuilles et porte des fruits qui peuvent atteindre 0,30 de diamètre. Ces fruits, bouillis et rôtis, ont la saveur de la mie de pain frais mélangée avec de l'artichaut. C'est la base de la nourriture d'un grand nombre de peuplades.

Les amandes se mangent comme les châtaignes.

Avec la seconde écorce on façonne des tissus. Les feuilles servent à couvrir les habitations. Le suc laiteux qui découle de l'arbre donne une *glu* employée à divers usages. Trois de ces arbres peuvent alimenter un homme pendant un an.

L'arbre à pain est cultivé aux Moluques et dans les îles de la mer du Sud. On le trouve aussi dans l'Inde. Il a été naturalisé dans les contrées tropicales de l'Amérique.

L'arbre à pain, que l'on appelle *jack* aux Antilles, est très répandu dans les îles de l'Océan Pacifique et des Indes orientales. Ses fruits, très pesants, sont portés par de grosses branches étalées à peu de distance du sol. Leur pulpe est sucrée et se mange crue, après avoir subi un lavage.

Un autre arbre de la même famille, connu au Vénézuela sous le nom d'*arbre à la vache*, est non moins généreux que le précédent. Il donne, en pratiquant une incision sur son écorce, un liquide blanc qui a beaucoup d'analogie avec le lait de vache. Ce liquide est alimentaire, légèrement aromatique et très nutritif. C'est la boisson favorite des naturels de la Colombie. Cet arbre est commun à Caracas.

— Dans nos pays, reprit le garde, nous

L'ARBRE A LA VACHE.

avons beaucoup d'arbres qui nous donnent
des fruits savoureux que l'on mange crus ou

cuits et d'autres arbres dont le bois est utilisé par l'industrie; je vous citerai :

Le *pommier*, qui compte plus de 1200 variétés, dont quelques-unes produisent d'excellents fruits de table. Plusieurs de nos départements trouvent dans son abondante récolte des produits alimentaires et la richesse.

On extrait des pommes une boisson agréable et rafraîchissante bien connue sous le nom de *cidre*. Elle rivalise avec le vin et coûte beaucoup moins cher.

Le *poirier* a plus de mille variétés. Il produit des fruits délicieux. Sa culture est pratiquée dans tous les jardins. On fait aussi une sorte de cidre avec ce fruit : cette boisson est appelée *poiré*.

Le bois de poirier est très estimé. Son grain fin, serré, uni, est susceptible de recevoir un beau poli. Il prend très bien la teinture noire et ressemble alors au bois d'ébène : les menuisiers en font de jolis meubles ; les sculpteurs le choisissent pour façonner des ornements et des figures ; les fabricants d'instruments de précision l'emploient pour établir des règles et des équerres; les graveurs, pour façonner les planches destinées à l'impression du papier peint.

Ces deux espèces d'arbres appartiennent à la famille des Pomacées.

Le *prunier* est un de nos principaux arbres fruitiers. On mange ses fruits à l'état frais, cuits en marmelade, confits à l'eau-de-vie ou desséchés sous forme de *pruneaux*.

Ces fruits renfermant beaucoup de sucre, on les distille dans certains pays et l'on en tire de l'*eau-de-vie*.

3.

L'eau-de-vie de *mirabelles* et l'eau-de-vie de quetsches ou *couestches* sont fort populaires dans le Nord-Est de la France.

Les pruneaux font l'objet d'un commerce important. Les départements du Var, des Basses-Alpes, du Lot, etc., sont spécialement en possession de cette industrie.

Le *cerisier* donne des fruits avant tous les autres arbres fruitiers ; aussi la consommation des cerises fraîches est-elle considérable. Comme elles ne peuvent se conserver, on en fait des confitures, ou bien on les conserve dans l'eau-de-vie.

Avec la *merise des bois*, qui est une cerise sauvage, on fait plusieurs liqueurs, telles que le *marasquin*, et le *kirschen-wasser*.

Le bois de cerisier a de belles veines rouges ; il est employé par les ébénistes. Le bois de merisier, étant légèrement odorant et très

LE NOYER.

sonore, les tourneurs en font des tuyaux de pipes et les luthiers des instruments de musique.

Ces deux espèces d'arbres appartiennent à la famille des Amygdalées.

Le *noyer*, type de la famille des Juglandées, nous donne des fruits que l'on mange avant ou après leur maturité. Dans le premier cas on les appelle *cerneaux*.

Comme fruit de table, les *noix* n'entrent qu'en faible partie dans la consommation générale. On en tire un meilleur profit en les broyant pour extraire l'huile qu'elles contiennent. Cette huile est excellente à manger; elle sert aussi dans les arts et l'industrie. L'*huile de noix* fournit la moitié de l'huile que nous consommons.

Le bois de noyer rend de très grands services par la multiplicité de son emploi. Son grain est uni, serré, compact et très fin. On en fabrique des armoires, des tables, des couchettes et quantité d'autres meubles; on en façonne des sabots et des montures de fusils pour l'armée. Les carrossiers en font usage pour établir la carcasse des voitures. L'écorce de noyer et le brou de noix sont employés par les teinturiers pour teindre en noir. Les feuilles de cet arbre sont utilisées en médecine.

— L'huile d'olive ne vient-elle pas aussi d'un fruit? demanda Mathilde.

— Certainement. Elle est tirée du fruit de l'olivier.

L'*olivier* est un arbre qui mesure 6 mètres environ. Il se cultive dans les parties méridionales de l'Europe. L'huile qu'on en obtient est la plus recherchée pour le service de la table. Dans nos provinces du Midi, on s'occupe de cette culture en grand. C'est une des richesses du pays.

L'olivier était classé autrefois dans la famille des Jasminées; aujourd'hui, il est le type des Oléinées.

Le *hêtre* est un des plus beaux arbres de nos forêts; il s'élève parfois à 40 mètres de hauteur. Il porte de petits fruits appelés *faînes*, qui fournissent une excellente huile comestible. Cette huile n'est pas très abondante; mais elle est recherchée à cause de la finesse de son goût.

Le bois de hêtre est à la fois solide et léger. Il est employé à une foule d'ouvrages de menuiserie et de charronnage. On en fait des tables, des chaises, des canapés, des étaux de bouchers, des pelles, des sabots, des jantes de roue, etc. C'est le meilleur bois de chauffage après le charme. Il flambe très bien, mais il se consume promptement. [C'est pour cette raison que dans certaines localités on l'appelle bois de richards.

Le hêtre appartient à la famille des Quercinées, ou Cupulifères de certains auteurs.

L'arbre qui est le type de cette même famille, c'est le chêne.

Le *chêne*, roi des forêts, compte environ 70 espèces bien connues. Il ne produit pas de fruits comestibles dans nos contrées, mais il possède d'autres avantages.

— Pardon, camarade. Je n'ai pas tout dit sur les arbres exotiques ; laissez-moi reprendre le fil de mon discours ; vous parlerez des arbres de notre pays tout à l'heure.

Après avoir cité l'arbre à pain et l'arbre à la vache, laissez-moi vous entretenir de la famille du palmier, fort intéressante, je vous assure.

Cette famille ne compte pas moins de 600 espèces connues. Ces arbres font le principal ornement des pays chauds et fournissent souvent aussi la principale nourriture de leurs habitants. La tige de palmier est ligneuse. Sa surface est marquée de cicatrices annulaires résultant de la chute des feuilles. L'aubier est la partie la plus dure du bois; le cœur ou partie centrale est de consistance spongieuse. Les fruits sont quelquefois très nombreux; quelquefois aussi, ils aquièrent un développement considérable. Toutes les parties de ces arbres sont utilisées. Les feuilles, qui sont longues, remplacent les tuiles de la toiture de certaines maisons. Avec la gaine de ces mêmes feuilles, qui se divisent en longues fibres résistantes, on fabrique des cordages. Le bois est employé comme conduite d'eau, parce que, je vous l'ai dit, l'intérieur du tronc est rempli de matières molles qui s'enlèvent aisément. Ce qui rend surtout les palmiers précieux, c'est l'abondance et l'excellence de leurs fruits.

Je vais vous citer les plus remarquables de ces arbres bienfaisants.

En tête, je placerai le *dattier*. C'est le plus important de tous, à cause de ses fruits. Plusieurs peuples arabes font leur nourriture ordinaire des dattes. Ces fruits, de forme allongée, varient de couleur et de grosseur suivant les variétés. Ils sont très sucrés et très savoureux. On les mange tels, ou bien on en fait une espèce de marmelade appelée *miel de dattes*. Cette confiture sert d'assaisonnement au riz et aux farines. En faisant fermenter les dattes, on obtient par

la distillation une eau-de-vie très estimée.
Broyés et ramollis dans l'eau bouillante, les

DATTIER.

noyaux de dattes sont donnés aux chameaux
et aux moutons. Ces noyaux, brûlés, procu-
rent une matière noire que les Chinois, dit-
on, font entrer dans la composition de la
fameuse encre dite de Chine.

Le dattier produit dès sa cinquième année;

mais ce n'est que de trente à soixante ans qu'il est en plein rapport. Il fournit alors de 50 à 80 kilogrammes de fruits.

Le *chou palmiste* est une variété du genre. Cet arbre porte à son extrémité un bourgeon de feuilles très serrées. Ce bourgeon, lorsqu'il est cuit sous la cendre, offre un mets des plus savoureux. La moelle de cet arbre est comestible. On tire du tronc, par incision, un liquide agréable appelé *lait de palme*. Malheureusement, quand on a enlevé le bourgeon terminal de ce bel arbre, il meurt.

Les choux palmistes sont très abondants dans les forêts des Antilles, aux îles Maurice et de la Réunion.

Le *cocotier* renferme un petit nombre d'espèces, qui toutes sont utiles. Il s'élève ordinairement à une hauteur de 20 à 25 mètres. Il a environ de 30 à 40 centimètres de circonférence au tronc. Ses feuilles, longues de 4 à 5 mètres, sont retombantes et ressemblent à des plumes. Il porte une vingtaine de fruits appelés *cocos,* qui deviennent aussi gros que la tête d'un enfant. Ces fruits renferment une amande nutritive, et ce liquide doux et rafraîchissant nommé *lait de coco,* qui dans ces régions torrides est la providence des voyageurs.

La fécondité de cet arbre est extraordinaire. On a compté sur un seul pied cent cinquante fruits déjà gros. Comme tous les arbres de cette famille, le cocotier est utile des pieds à la tête. Son bois est employé pour la charpente et la menuiserie ; ses feuilles servent à confectionner des paniers, des chapeaux, des vêtements, et à couvrir les cabanes des indigènes. Comme d'autres palmiers, il donne aussi par incision du *vin de palme*. On fait du sucre en laissant évaporer ce vin, et, si on le distille, on obtient l'eau-de-vie appelée *arack*, fort estimée des Indiens. L'amande est un aliment de première nécessité pour les peuples de l'Océanie. Comme sa chair est huileuse, on obtient en la pressant une matière grasse connue sous le nom de *beurre de coco*. Cette matière grasse est employée en guise de graisse dans les préparations culinaires ; on s'en sert aussi pour l'éclairage. Enfin, le brou qui enveloppe la noix est utilisé comme le chanvre : on en fait des cordages et des tapis de pieds.

Le cocotier habite de préférence les bords de la mer. Il est abondant dans l'Inde méridionale, à Ceylan, dans la Malaisie, le Mexique, l'Afrique occidentale. On ne connaît pas sa véritable patrie.

SAGOUTIER.

Le *sagoutier* est un palmier dont les espèces sont peu nombreuses. Il croît en Asie,

en Afrique et dans l'Amérique centrale. Son tronc, assez épais, se termine par un bouquet de feuilles pareilles à des pennes de queue d'oiseau. Le fruit se forme au-dessus des feuilles ; il est arrondi et entouré de larges écailles.

Le *sagou*, avec lequel on fait d'excellents potages, nous est fourni par la moelle de cet arbre. Après qu'elle a été réduite en pâte, on la fait sécher à l'ombre. Elle est employée dans cet état comme aliment. Pour l'exportation, on la réduit en petits grains. Le sagou n'est donc pas une graine de fruit, comme certaines personnes le supposent ; c'est une substance tirée du cœur même de l'arbre. La forme granuleuse de cet aliment n'est obtenue qu'artificiellement.

Le sagoutier donne aussi par incision une liqueur vineuse, presque aussi agréable que le vin de palme. Le bourgeon terminal se mange comme le chou palmiste. Avec ses feuilles, des indigènes couvrent leur habitation et font des clôtures.

Le *palmier à huile* de Guinée, qu'on cultive aussi en Amérique et dans les pays chauds, est un arbre qui ne dépasse guère 10 mètres de hauteur. Ses feuilles, qui atteignent parfois une longueur de 5 mètres, sont à divisions linéaires. Ses spadices, autrement appelés régimes, sont....

— Que signifient ces mots? demanda la jeune personne.

— On appelle spadice un assemblage de fleurs qui reposent sur un axe commun. Ces fleurs, devenues fruits, forment une sorte de grappe ou d'épi. Le mot régime est le nom vulgaire du spadice des palmiers.

Donc, les spadices du palmier à huile portent de cinq à huit cents fruits serrés et à chair épaisse. Ces fruits, ainsi groupés, pèsent quelquefois 20 kilogrammes.

En pressant ces fruits, on obtient une matière grasse, de couleur brique, appelée dans le commerce *huile de palme*. Cette matière est odorante, s'enflamme aisément et donne une lumière brillante. Elle sert à plusieurs usages, principalement à l'éclairage. On l'emploie dans la fabrication des bougies, des savons, et quelquefois on la fait entrer dans la préparation des aliments.

L'huile de palme fait l'objet d'un commerce considérable. C'est la principale industrie des tribus africaines qui habitent les côtes équatoriales de cette partie du monde.

— Alors, on n'a qu'à mettre le couvert sous ces arbres merveilleux, dit Mathilde en riant, puisqu'ils fournissent potage, légume, entre-

mets, dessert, lait, pain, vin; il ne manque
plus que le sucre et le café pour compléter le
repas.

CAFÉ.

— L'arbuste appelé *caféier* n'est-il pas là
prêt à vous abandonner sa graine? répondit
le marin. Quant au sucre, il abonde; des
centaines de plantes en recèlent. Pour vous

épargner l'embarras du choix, prenez l'*érable à sucre*, qui croît en abondance aux États-Unis d'Amérique. Ces arbres fournissent annuellement pour 40 millions de sucre et pour 1 million de mélasse.

Si cela ne vous suffit pas, demandez aux roseaux appelés *cannes à sucre* de vous donner leur moelle spongieuse. Ces roseaux — de la famille des Graminées — originaires des Indes orientales, sont cultivés dans la plupart des pays chauds, notamment aux Antilles.

C'est en broyant leur tige entre des cylindres qu'on extrait la matière sucrée et sirupeuse qu'elle renferme. Du résidu de la mélasse et de l'écume de ce sirop on obtient par la distillation une liqueur bien connue de nous autres marins, sous le nom de *rhum* et de *tafia*.

— Rhum ou tafia, n'est-ce pas la même chose? dit Henri.

CANNE A SUCRE.

— A peu près. Le tafia diffère du rhum en ce qu'il n'a pas un arome aussi prononcé, ce qui provient de son mode de fabrication. Le tafia se fait avec de la mélasse, tandis que le rhum

4.

s'obtient par la distillation des écumes de sucre. Cette dernière eau-de-vie se consomme sur place. Tout ce que l'on vend dans notre pays sous le nom de rhum n'est que du tafia fabriqué avec les mélasses de nos raffineries.

Passons maintenant brièvement en revue les arbres qui à un titre quelconque méritent d'être mentionnés.

Nous avons tout d'abord :

L'*arbre des voyageurs*, ainsi nommé parce que ses feuilles, lorsqu'on les coupe au bas du pétiole, laissent échapper un liquide rafraîchissant qui est d'un grand secours aux voyageurs. Cet arbre, de la famille des Musacées, se trouve à Madagascar.

Le *bananier*, arbre de la même famille, est plutôt une grande herbe vivace qu'un arbre. Il habite la Guyane et les régions tropicales. Ses fruits, appelés *bananes*, se mangent

cuits ; ils ont un goût de beurre frais légèrement sucré. C'est un aliment très sain et très
nourrissant. Chaque pied produit en moyenne
50 kilogrammes de fruits. Dans les contrées
africaines, où se cultive le bananier, règne
l'abondance. Une plantation de ces arbres rapporte cent fois plus qu'un champ de blé. C'est
pourquoi les nègres ne se donnent pas la peine
de cultiver la terre.

Le *calebassier* se trouve aux Antilles et
dans les parties chaudes de l'Amérique. Il
appartient à la famille des Bignoniacées. Ses
fruits, gros comme une tête d'homme, sont
entourés d'une écorce solide avec laquelle les
indigènes façonnent des vases, des plats, des
gourdes et autres ustensiles qu'ils polissent et
qu'ils ornent de dessins et de peintures.

Avec la pulpe du fruit, on fabrique un sirop
qui, à ce que prétendent les médecins du

pays, est un remède souverain contre les maladies de poitrine.

L'*arbre à la cire* ou *myrica*, de la famille des Myricées, est un grand arbrisseau dont les fruits ronds sont couverts d'une épaisse couche de cire blanche avec laquelle on fait d'excellentes bougies qui ne coulent pas. Cette cire répand une odeur agréable en brûlant. Avec les fruits du cirier, on fabrique de très bons savons. Cet arbrisseau abonde dans l'Amérique du Nord. On commence à l'acclimater dans nos pays.

Le *muscadier porte-suif*, appelé aussi *arbre à chandelles*, donne de même une substance grasse qui sert à l'éclairage; mais cette substance ne se trouve pas autour du fruit, comme chez le myrica : elle se trouve dans les graines. Cet arbre est commun à la Guyane. Il appartient à la famille des Myristacées.

D'autres arbres de la même famille produisent des fruits gros comme des noix, bien connus des cuisinières sous le nom de *muscade*.

Le muscadier aromatique se cultive aux Antilles, à Java, à Sumatra, et cette famille renferme beaucoup d'espèces.

Le *vaquois*, que les savants appellent *pandanus*, est une plante de la famille peu nombreuse des Pandanées. Elle vit dans les contrées chaudes du nouveau continent, dans l'Inde et dans plusieurs îles de l'Océanie. Je vous en parle, parce que c'est avec les feuilles d'une espèce de vaquois de l'Amérique méridionale qu'on fabrique les chapeaux dits de *Panama*.

Le *figuier*, plante de la famille des Moréacées, renferme plus de cent espèces et comprend des arbres élevés et des arbrisseaux. Le figuier croît spontanément dans les contrées chaudes de l'Asie et de l'Afrique. Mais il s'acclimate dans les régions tempérées.

Le plus curieux de ces arbres, c'est le *figuier du Bengale*, autrement appelé *figuier des Banians*. Son tronc est fort gros. Il s'élève à 10 ou 15 mètres; son sommet étale au loin ses vastes branches horizontales; les plus voisines du sol laissent pendre des jets semblables à des cordes qui, lorsqu'ils touchent terre, prennent racine et forment comme des troncs supplémentaires et deviennent le point de départ d'arbres nouveaux groupés autour d'une souche commune. Cet arbre, ainsi entouré, ressemble à un monument soutenu par des colonnes nombreuses. L'aspect de ce figuier est des plus pittoresques. Les Indiens le vénèrent et placent leurs idoles entre ses rameaux entre-lacés.

Cette espèce de figuier donne beaucoup de gomme laque.

— Qu'est-ce que c'est que la gomme laque? demanda le plus jeune des enfants.

— La *gomme laque*[1] est une matière rési-neuse que l'on trouve en couche épaisse et solide autour des branches de divers arbres, tels que figuier des Indes, jujubier cotonneux, croton porte-laque, etc.

Cette substance, moitié animale et moitié végétale, est due à la présence d'un petit in-secte du genre cochenille. Ces insectes res-semblent aux pucerons de nos rosiers; ils en ont la taille et les mœurs; c'est-à-dire qu'ils vivent sur les branches des végétaux et qu'ils

1. Voir le volume de la collection : *Voyage dans un tiroir.*

s'y tiennent groupés et si serrés les uns contre les autres qu'ils couvrent entièrement l'endroit qu'ils occupent et forment une espèce de bracelet autour des branches.

En piquant le végétal avec leur suçoir, ces insectes provoquent la sortie de la sève résineuse de l'arbre. A un moment donné, cette sève arrive avec tant d'abondance qu'elle noie les insectes et les soude entre eux. Toutes ces cochenilles périssent à la fois dans ce débordement de liquide poisseux ; mais, chose curieuse, ces cochenilles, qui sont toutes des femelles, — autre analogie avec les pucerons, — se transforment et deviennent, en cessant de vivre, une espèce de petite vessie remplie d'un liquide rouge et d'une vingtaine d'œufs. Au bout de quelques jours, ces œufs donnent naissance à des larves qui se nourrissent des matières environnantes. Sans

Paysage des Indes.

quitter la place, ces larves accomplissent leurs métamorphoses [1]. Devenues insectes parfaits, ces bestioles sortent de la gomme encore pâteuse et vont se fixer sur d'autres branches, comme l'ont fait leurs mères. Après leur départ ou quelquefois avant, on coupe les branches, on laisse durcir la gomme, et l'on n'a plus qu'à la détacher pour la livrer au commerce.

— Que fait-on de cette substance?

— Elle est employée dans les arts et l'industrie et sert à fabriquer des vernis solides et des enduits pour raccommoder les objets brisés. Elle entre pour une forte partie dans la préparation de la cire à cacheter. On l'emploie comme isolant dans la construction des appareils électriques; on s'en sert dans la

1. Voir le volume de la collection : *Un nid d'oiseaux*.

teinture ; enfin, les chapeliers l'utilisent pour fixer l'étoffe de soie sur la carcasse des chapeaux.

Les arbres qu'autrefois on appelait *heveas* et qu'aujourd'hui on nomme *siphonies* donnent, quand on les incise, une autre gomme-résine bien connue : le *caoutchouc*. Je vous en ai parlé longuement dans une de nos causeries. Je n'y reviendrai pas [1]. Je vous dirai seulement pour mémoire que ces arbres appartiennent à la famille des Euphorbiacées. Même observation pour un autre arbre de la famille des Sapotacées, qui croît à Bornéo et dont le suc laiteux porte le nom de *gutta-percha*.

Une plante de la famille des Euphorbiacées dont je ne vous ai jamais rien dit, c'est le *cro-*

1. Voir le volume de la collection : *Voyage dans un tiroir.*

ton. Ce genre de plante renferme des herbes et des arbrisseaux. Presque toutes les espèces appartiennent à l'Amérique méridionale. On tire de cet arbrisseau une huile âcre, brûlante et d'une odeur désagréable. Cette huile appliquée sur la peau détermine des ampoules. C'est un remède énergique fort employé en médecine.

Une autre espèce de croton fournit beaucoup de gomme-laque. Une troisième espèce, appelée *arbre à suif*, porte des semences renfermées dans des capsules et couvertes d'une matière grasse, ferme et blanche, qu'on retire en faisant bouillir ces graines dans l'eau. Les Chinois se servent de cette matière pour confectionner des bougies.

N'oublions pas de mentionner l'arbre précieux dont les feuilles servent de nourriture au ver à soie : le *mûrier*. Cet arbre appartient à la famille des Morées, dont il est le type. On le croit originaire de Chine; mais les auteurs ne sont pas d'accord sur sa patrie. Ce qui est certain, c'est que le mûrier se trouve aujourd'hui dans tous les pays tempérés, même dans les contrées froides et humides, telles que l'Angleterre.

Vous connaissez les fruits de cet arbre. Ce sont les *mûres* à la chair tendre et savoureuse ; ils sont excellents à manger, et meilleurs encore lorsqu'ils sont convertis en sirop : car, sous cette forme, ils sont employés avec succès contre les inflammations de la gorge. On en fait aussi des boissons rafraîchissantes et saines.

Une autre espèce de mûrier qui habite la Chine, le Japon et la Polynésie et qu'on appelle *arbre à papier*, rend de grands services aux habitants de ces contrées. Ils font bouillir l'écorce de cet arbre et préparent une pâte qui sert à fabriquer du papier souple, solide et des étoffes économiques.

Dans ces mêmes pays croissent deux espèces d'arbres de familles différentes, qui donnent l'un et l'autre un vernis naturel très résistant. Le premier de ces arbres est le *badamier*, de la famille des Combrétacées. L'autre est le *sumac*. Ce dernier appartient à la famille des Anacardiacées.

La gomme-résine qui découle de cet arbre est employée en Europe : on l'appelle gomme-copal.

Vous savez que beaucoup d'arbres exotiques sont employés par les ébénistes, menuisiers, marqueteurs, etc. Le bois de ces arbres étant coloré de teintes agréables et sillonné de jolies veines, on le préfère à tous les autres. Il faut ajouter que ce bois, par sa dureté et la finesse de son grain, est susceptible de recevoir un beau poli ; seulement il est d'un prix élevé, et dans le commerce peu de meubles sont taillés en plein bois exotique.

Pour remédier à cet inconvénient, on s'est imaginé de débiter ce bois en feuillets très minces que l'on colle sur des planches. On appelle *placage* ces planches ainsi recouvertes, et c'est avec ces planches que l'on fabrique la plupart de nos meubles. Grâce à cet expédient, chacun peut avoir à bon marché des meubles de luxe.

— Ils ressemblent alors aux bijoux doublés qui sont en cuivre recouverts d'une légère feuille d'or, fit observer Mathide.

— Vous l'avez dit, ma jeune cousine. Aucune comparaison n'est plus exacte. On se sert même du mot plaqué pour désigner ce genre de bijoux ; or plaqué, placage sont à peu près synonymes ; ils ne diffèrent que parce que le premier s'applique aux métaux, tandis que le second se dit en parlant du bois.

Je vais très brièvement vous indiquer les bois principaux employés dans le placage ; il y a tout d'abord :

L'*acajou*, dont la nuance varie du rose pâle au brun foncé. Les meubles construits avec ce bois sont tellement répandus qu'ils forment la moitié des meubles fabriqués.

Le *palissandre* aux belles veines rouges ombrées de noir ; elles sont douces à l'œil et ressemblent à du velours.

L'*ébène noire*, *violette*, *verte*, bois très dur et d'un grain si serré qu'il se brise sous l'outil. Ce bois ne peut être employé qu'en placage pour la confection des meubles, parce qu'il ne peut recevoir ni tenon ni mortaise. Comme il est d'un prix élevé, on le remplace par du bois de poirier et de cerisier teint en noir, ainsi que vous l'a fait observer notre ami le forestier.

Le *citronnier* aux teintes jaune paille agréablement parsemées de mouchetures rondes.

Le *thuya*, arbre résineux. C'est lui qui fournit la *sandaraque*. On n'emploie dans l'ébénisterie que la loupe qui croît à la base de cet arbre.

Le *bois de rose*, qui, par sa couleur et son odeur, rappelle la fleur dont il porte le nom.

Le *bois de satin*, aussi appelé *bois de Cayenne* et *bois marbré*. Il présente diverses teintes, telles que gris rosé, jaune pâle, rouge laqué, vert gris. Ce bois, lorsqu'il est bien poli, a des reflets semblables à ceux de la soie.

Une forêt a Ceylan.

Le *bois de santal,* utilisé par les teinturiers et les parfumeurs.

Ces cinq derniers bois ne sont guère employés que dans la marqueterie.

Le *cèdre,* bois aromatique, est peu résistant. On confectionne avec ce bois quantité de boîtes et de coffrets, d'abord à cause de son odeur, qui est agréable; ensuite parce qu'il est moins que d'autres attaqué par les insectes. Son principal usage est de servir d'enveloppe aux crayons.

Le *gaïac* est un des bois les plus durs et les plus résistants. Il sert à confectionner des roues de moulins, des poulies de vaisseaux, des roulettes de meubles, et généralement des objets qui exigent une grande solidité. Cet arbre laisse couler, après incision, une résine qui est très employée en médecine; elle guérit, dit-on, des maladies de peau et des rhumatismes. La médecine fait aussi usage de l'écorce et de la râpure de ce bois, surtout dans les Antilles.

Le *bois major*, compact et très flexible, habite Saint-Domingue. Il sert principalement à façonner des brancards de voitures.

Le *bois de tek* des Grandes Indes n'a pas son pareil pour la construction des bâtiments et des navires. Il vaut mieux que le meilleur des chênes.

Le *bois de fer*, le *bois de cannelle*, le *bois de Losteau*, le bois de...

— Reprenez haleine, camarade, dit le garde forestier. Je n'ignore pas que les bois exotiques sont fort précieux; mais les nôtres ont aussi leur petit mérite et peuvent, au besoin, remplacer tous ceux que vous venez de citer. Je désire vous en indiquer quelques-uns.

— Permettez-moi auparavant d'adresser une question à mon cousin, dit Frédéric au garde. forestier.

S'adressant au marin, il lui demanda :

— Vous avez parlé tout à l'heure de la pesanteur de certains bois. Je serais curieux de savoir quels sont les bois les plus pesants; nous avons souvent des discussions à ce sujet entre écoliers.

— Ma foi, mon cher Frédéric, je n'en sais pas plus que toi là-dessus, répondit le marin en riant. Je connais beaucoup d'arbres et quelques-unes de leurs propriétés : mon petit savoir ne va pas plus loin.

— Je puis vous fournir quelques renseignements à cet égard, dit le garde forestier. Cela rentre un peu dans ma spécialité. Je vais vous citer les bois les plus denses que je connais.

Le bois étant parfaitement sec, un cube plein d'un décimètre de côté pèse :

Le grenadier.............	1 kil.	350
Le gaïac................	1	330
Le buis de Hollaude......	1	320
L'ébène verte...........	1	210
L'arbousier.............	1	035
Le bois de rose..........	1	031
Le sorbier..............	1	023
Le lilas..............,.......	1	003

Après viennent le cornouiller, le chêne, l'olivier, le buis d'Espagne, le pommier court-pendu. Le poids de ces bois varie de 940 grammes à 1 kilogramme environ. Le plus léger de tous les bois est le peuplier d'Italie : il ne pèse que 0,357. Je ne vous parle pas du liège, parce que ce n'est qu'une écorce. Je puis cependant vous indiquer son poids à titre de curiosité. Il pèse 0,240. La moelle de sureau pèse 0,076.

Maintenant je reviens à nos bois du pays,

que votre cousin, le voyageur, ne paraît pas estimer à leur juste valeur.

Je vous disais que le chêne, ce roi de nos forêts, ne porte pas de fruits comestibles, du moins dans notre pays. Il ne produit que des glands, que l'on abandonne aux porcs. Mais son bois est très précieux. Il sert à construire des portes, des fenêtres, des persiennes, des escaliers, des planchers. Les ébénistes en font de très bons meubles. On l'emploie pour servir d'assises aux rails des voies ferrées. Son écorce est utilisée par la médecine. Broyée et désignée sous le nom de *tan*, cette écorce sert au tannage des cuirs. Lorsque ce tan est hors d'usage, on en fait des *mottes à brûler*.

Le *chêne-vert*, connu sous le nom de *chêne-liège*, donne une écorce épaisse et spongieuse, avec laquelle on fait des bouchons, des semelles, des bouées de sauvetage, des chapelets pour filets de pêche, etc.

L'*orme* n'est pas d'un usage aussi universel, cependant il est fort estimé des charrons. Ils s'en servent pour établir des jantes et des moyeux de roues, des presses, de grosses vis, etc.

Les tourneurs en font des bâtons de chaises et des manches d'outils. Les établis de menuisiers sont généralement faits avec de l'orme.

Le *frêne* a des usages assez bornés, mais qui sont très importants. Comme il se casse très difficilement, c'est avec ce bois qu'on établit les essieux de chariots qui servent à transporter de lourds fardeaux. On en fait aussi des brancards de voitures, des palonniers, des manches de marteaux, des bras de scie, des échelles très hautes, très minces et cependant fort solides.

CHÈNES.

Le *châtaignier*, utilisé par les charrons, est surtout estimé comme arbre fruitier. Les *châtaignes* entrent pour une large part dans l'alimentation des villageois. On mange ce fruit cuit sous la cendre ou dans du lait. Réduit en farine, on en fait des bouillies et des galettes qui remplacent le pain. Il est d'autant plus précieux qu'il peut se conserver longtemps lorsqu'il a été séché au feu.

— Les châtaignes et les marrons ne sont-ils pas les mêmes fruits? demanda la jeune fille.

— Les *marrons* proviennent de châtaigniers qui ont été greffés. Ils sont plus gros que les châtaignes, mais non meilleurs. On les mange ordinairement grillés ou cuits avec la volaille. C'est presque un mets de luxe. On cultive les marrons dans les vallées des Cévennes.

— Et à Lyon, ajouta Henri.

— Nullement, mon jeune monsieur. Lyon n'est qu'un entrepôt. Les marrons dits de Lyon viennent des départements du Var et des Cévennes.

— Les marrons que l'on ramasse sur les promenades doivent être de la même espèce, dit encore la jeune personne.

— Non, mademoiselle. Ces arbres sont de familles différentes. Le châtaignier fait partie des Quercinées ; le marronnier appartient à la famille des Hippocastanées. Le fruit du marronnier n'est pas comestible ; mais il peut le devenir en l'écrasant et en lui faisant subir plusieurs lavages. Ce fruit est utilisé par l'industrie, qui en retire un amidon économique aussi bon que celui du blé. Cet amidon est surtout employé pour apprêter les étoffes.

Dois-je vous parler des *peupliers ?* Ce sont

les arbres qui vous sont le plus familiers, car on n'est pas obligé d'aller les chercher dans les forêts : on les rencontre sur toutes les grandes routes. Ces arbres dépassent souvent 30 mètres d'élévation. On en compte une vingtaine d'espèces; ils appartiennent à la famille des Salicinées. Leur bois est tendre. Il sert pour établir des cloisons ; les layetiers en font un grand usage dans leur industrie. On le réduit en copeaux, pour en tresser des paniers, des corbeilles, même des chapeaux d'été économiques.

Le *cornouiller* est fort différent du précédent. Le bois de cet arbre est excessivement dur et très résistant. Comme il se casse difficilement et jamais net, on l'utilise pour établir des échelons. Le cornouiller appartient à la famille des Cornacées.

L'*alisier*, qui croît spontanément dans nos

forêts, est recherché des tourneurs et des bim-
belotiers. Cet arbre est compris parmi les Pomacées.

Le *sorbier* — qu'on appelle aussi cormier,
bien que certains botanistes fassent du sorbier et du cormier des arbres différents —
appartient à la même famille. Cet arbre porte
des fruits semblables à de petites poires ; ils
ne sont bons à manger que blets. On en fait
une espèce de cidre appelé *cormé*. Le bois
de cet arbre est très dur. Il sert à préparer
des vis et des planches propres à la gravure
au burin.

Le *buis* est le véritable bois qui convient
à cet art. C'est à lui qu'on doit tous les pro-
grès de la gravure sur bois.

Le buis appartient à la famille des Euphorbiacées. Son bois est précieux dans les arts
et l'industrie ; il se tourne admirablement et

rivalise pour la dureté avec la corne et l'os. On en fabrique mille objets usuels : les luthiers en font des flûtes, des hautbois, des clarinettes, etc.

Le *tilleul* est le type de la famille des Tiliacées. C'est un arbre magnifique, qui fait l'ornement de nos promenades. Son feuillage est élégant et bien groupé. Il donne des fleurs qui sont employées en médecine. Son bois n'est pas dur et se travaille aisément. On en fait des baguettes d'encadrement, des statues d'église, etc.

Le *saule,* classé parmi les Salicinées, a des rameaux flexibles dont on se sert pour confectionner des paniers, des claies et toutes sortes d'ouvrages de vannerie.

— C'est de l'*osier*, dit Frédéric.

— Oui, c'est ainsi qu'on appelle les jeunes pousses du saule qui sont destinées à la van-

nerie. On appelle *oseraie* les plantations con-
sacrées à ce genre d'industrie.

Le charbon de saule entre dans la fabrication de la poudre à canon.

Le *sapin* appartient à la grande famille
des Conifères, — qu'on a élevée au rang de
classe; — cet arbre rend d'immenses services
à la marine et aux bâtiments. Il fournit des
mâts, des vergues, des poutres de charpentes, et donne à la menuiserie le bois qu'elle
emploie le plus ordinairement. Sans les sapins,
il serait bien difficile d'élever de hauts écha-
faudages. Ces arbres produisent une *résine*
utilisée en médecine.

Le *pin*, arbre de la même famille, a, comme
le précédent, des fruits coniques et des feuilles en aiguilles. Ce genre comprend une cin-
quantaine d'espèces, dont le *mélèze*, le
cèdre, le *cyprès*, l'*épicéa* vous sont connus.

— Ce sont les arbres toujours verts et dont les feuilles ne tombent jamais, fit observer Henri.

— Ces arbres sont en effet appelés ainsi ; mais il ne faut pas croire que leurs feuilles ne tombent jamais. Ces feuilles sont dites persistantes ; elles restent deux, trois années, mais elles finissent toujours par tomber ; comme avant leur chute elles sont remplacées par des feuilles plus jeunes, on ne s'aperçoit pas de leur disparition. Par le fait, ces arbres restent toujours verts.

Des pins et des sapins découle un suc odorant, de consistance mielleuse, qu'on recueille dans des vases, après avoir pratiqué des incisions sur leur écorce. Ce suc résineux étant distillé, fournit l'*essence de térébenthine*, qui sert à de nombreux usages industriels. Le résidu de cette distillation donne la *colophane*, avec laquelle les violonistes enduisent les crins de leur archet. En faisant brûler la paille qui a servi à filtrer la térébenthine, on obtient la *poix noire* employée par les cordonniers.

Quand les pins et les sapins sont trop vieux pour donner de la résine, on les découpe et l'on en retire une matière visqueuse, appelée *goudron*.

De presque tous nos arbres on retire par la distillation un liquide appelé *vinaigre de bois* : c'est de l'acide pyroligneux qui sert à fabriquer des vernis et que les épiciers vendent trop souvent à la place de vinaigre de vin.

Le forestier ayant cessé de parler pour allumer sa pipe, le marin profita de la circonstance pour s'emparer de la parole.

— Certainement, camarade, il serait injuste

de méconnaître l'utilité de vos arbres. Chaque chose a sa valeur en ce monde. Le Créateur, en disséminant les richesses de la terre, a voulu contraindre ses habitants à se déplacer et par ce moyen mettre en contact les hommes de toutes couleurs, qui sont faits pour se connaître et s'aimer.

Vous disiez donc que le pin et le sapin, entre autres produits, fournissaient du goudron. J'ajoute qu'il ne faut pas confondre ce goudron végétal avec le goudron bitumineux qui provient de la distillation de la houille, car ils ont des propriétés bien différentes.

Le goudron végétal est seul employé dans la marine. Mélangé avec du suif et de l'huile de poisson, il sert à enduire l'extérieur des navires et les cordages. Vous savez que le goudron est fort employé en médecine. On dit qu'il guérit les affections de poitrine.

6.

Beaucoup d'arbres des pays chauds produisent des gommes, des résines, des parfums. Plusieurs arbres du Brésil sont colorés : on les utilise pour teindre les étoffes.

Au Japon et en Chine se trouve l'*ailante*, bel arbre qui donne une matière hydrofuge, avec laquelle on enduit les petits meubles et les bimbelots connus sous le nom de laques de Chine.

Je ne vous parle pas des précieux arbrisseaux qui donnent le *coton*, ni de ceux qui recèlent les aromates, les épices, les couleurs et les produits pharmaceutiques ; cela nous entraînerait beaucoup trop loin. Vous savez, d'ailleurs, que le *thé* n'est autre chose que la feuille de l'arbuste de ce nom ; que le *poivre*, la *muscade*, la *girofle*, etc., sont fournis par des végétaux, ainsi que la *cannelle* et le *camphre*.

— Le camphre, s'écria Mathilde, le camphre est une substance végétale? Je croyais que c'était un sel.

— Non, le camphre est une huile solide et volatile provenant d'une espèce de *laurier*.

— Les arbres sont vraiment utiles, fit observer Henri, on en fait des chalets, des barques, des vaisseaux, des chariots, des tonneaux, des palissades, des meubles, des charpentes, des portes, des fenêtres, des planchers, des...

— Des villes tout entières, interrompit son cousin. Dans les pays sujets aux tremblements de terre, les constructions sont en bois. En Chine, il y a des milliers de villages bâtis sur des radeaux.

— Avec le bois, reprit le petit garçon, on fait des instruments de musique, des manches d'outils, des sabots, des caisses, etc.;

on tire des arbres du lait, du beurre, du pain, du vin, du sucre, de l'huile, du vinaigre, du suif, du savon, des essences, des vernis, des couleurs, des médicaments, des aromates.

— Que de substances ne retire-t-on pas d'une chose aussi commune que le bois! s'écria la petite fille avec enthousiasme.

— C'est en quoi vous devez admirer la richesse de la nature, mes chers enfants, dit le garde forestier. Si Dieu nous mesure le superflu, c'est à profusion qu'il nous donne le nécessaire.

— Et comme, en même temps, Dieu nous a octroyé l'intelligence, c'est à nous de savoir tirer parti des richesses disséminées sur la terre. Si certains peuples ignorants vivent dans un état voisin de la brute, les peuples laborieux jouissent de toutes les commodités de la vie; d'où je conclus que, pour être heureux, il faut s'instruire et travailler.

Sur ce, hisse la voile, et démarrons, termina le marin en prenant congé du garde forestier.

FIN

Coulommiers. — Typ. P. BRODARD et GALLOIS.

A LA MÊME LIBRAIRIE ET DU MÊME AUTEUR

Collection de volumes in-12, illustrés.

Brochés, 0 fr. 50. — Reliés toile, 0 fr. 85.

Promenades à la campagne.	Dans la forêt.
Un nid d'oiseau.	Rondes et fabliaux.
Voyage dans un tiroir.	Une histoire du vieux temps.
Les trois petits mousses.	Chez le maréchal ferrant.
Aventures de chasse.	L'assiette cassée.

La collection se continue.

Les historiettes du grand-papa Gilbert. In-12, illustré.

Édition de luxe, broché...................................... 2 fr.
Le même, édition à l'usage des écoles, cartonné..... 1 fr. 50

Les chants de l'école.

3 volumes in-12, avec musique. Chaque volume ..... 0 fr. 75
Chants et chœurs. 1 vol. in-12....................... ..... 0 fr. 75

Petite bibliothèque des connaissances utiles.

25 brochures illustrées de gravures coloriées. Chaque brochure .... 0 fr. 25

Imagerie des connaissances utiles.

Le cent d'images assorties. .... 10 fr.

Coulommiers. — Typographie PAUL BRODARD et Cie.

www.ingramcontent.com/pod-product-compliance
Lightning Source LLC
LaVergne TN
LVHW011446180726
843503LV00004BA/1575